N° 1. — *Répartition du froment dans les États-Unis.*

Récoltes de 1859, 1879 et 1887.

ÉTATS	1859	1879	1887
	Boisseaux.	Boisseaux.	Boisseaux.
Alabama	1.218.444	1.529.657	1.305.000
Arizona	»	136.427	303.000
Arkansas	957.604	1.269.715	2.290.000
Californie	5.928.470	29.017.707	30.429.000
Colorado	»	1.425.014	2.514.000
Connecticut	52.404	38.742	37.000
Dakota	945	2.830.289	52.406.000
Delaware	912.944	1.175.272	929.000
District de Columbia	12.760	6.402	»
Floride	2.808	422	»
Géorgie	2.544.913	3.159.771	2.522.000
Idaho	»	540.589	1.120.000
Illinois	23.837.023	51.110.502	36.861.000
Indiana	16.848.267	47.284.853	37.828.000
Iowa	8.449.403	34.154.205	26.837.000
Kansas	194.173	17.324.141	7.607.000
Kentucky	7.394.809	11.356.413	11.413.000
Louisiane	32.208	5.034	»
Maine	233.876	665.714	481.000
Maryland	6.103.480	8.004.864	5.797.000
Massachusetts	119.783	15.768	16.000
Michigan	8.336.368	35.532.543	21.672.000
Minnesota	2.186.993	34.601.030	36.299.000
Mississippi	587.925	218.890	313.000
Missouri	4.227.586	24.966.627	27.744.000
Montana	»	469.688	1.760.000
Nebraska	147.867	13.847.007	16.585.000
Nevada	3.631	69.298	111.000
New-Hampshire	238.965	169.316	110.000
New-Jersey	1.763.218	1.901.739	1.459.000
Nouveau-Mexique	434.309	706.644	1.221.000
New-York	8.681.105	11.587.766	10.137.000
Nord-Caroline	4.743.706	3.397.393	5.094.000
Ohio	15.119.047	46.014.869	35.895.000
Orégon	826.776	7.480.010	16.100.000
Pennsylvanie	13.042.165	19.462.405	13.785.000
Rhode-Island	1.131	240	»
Sud-Caroline	1.285.634	962.358	1.233.000
Tennessee	5.459.268	7.331.353	9.595.000
Texas	1.478.345	2.567.737	5.450.000
Utah	384.892	1.169.199	1.971.000
Vermont	437.037	337.257	320.000
Virginie	13.130.977	7.826.174	4.832.000
Washington	86.210	1.921.322	8.345.000
West-Virginie	»	4.001.741	2.840.000
Wisconsin	15.657.458	24.884.089	13.063.000
Wyoming	»	4.674	»
Total	173.104.924	459.184.137	456.329.000

De 1859 à 1879, la culture du froment a reçu une impulsion extraordinaire, par la combinaison de plusieurs causes puissantes: un accroissement de 60 o/o dans la population; les désastres d'une guerre civile, dans laquelle étaient engagés des millions d'hommes armés, affectant le début de la période; et, dans les dernières années, la survenue de demandes extrêmement considérables de la part des contrées étrangères. Ces demandes ayant quelque peu diminué, la production est restée sensiblement stationnaire pendant la dernière décade. Bien que le froment croisse dans presque tous les États, sa répartition est très inégale, comme le montre la carte. Six dixièmes de la récolte sont obtenus dans douze subdivisions territoriales sur quarante-sept. Pour les trois autres quarts de ces subdivisions, la quantité de froment qui entre dans le commerce n'a aucune importance et, dans beaucoup, il est nécessaire que les États grands producteurs de froment viennent suppléer à l'insuffisance locale.

N° 2. — *Répartition du maïs dans les États-Unis.*

Récoltes de 1859, 1879 et 1887.

ÉTATS	1859	1879	1887
	Boisseaux.	Boisseaux.	Boisseaux.
Alabama	33.226.282	25.451.278	33.522.000
Arizona	»	34.746	59.000
Arkansas	17.823.588	24.156.417	41.367.000
Californie	510.708	993.325	4.703.000
Colorado	»	455.968	938.000
Connecticut	2.059.835	4.880.421	1.977.000
Dakota	20.269	2.000.864	20.992.000
Delaware	3.892.337	3.894.264	4.332.000
District de Columbia	80.840	29.750	»
Floride	2.834.391	3.174.234	4.816.000
Géorgie	30.776.293	23.202.018	32.067.000
Idaho	»	16.408	56.000
Illinois	115.174.777	325.792.481	141.080.000
Indiana	71.588.919	115.482.300	71.400.000
Iowa	42.410.686	275.014.247	183.502.000
Kansas	6.450.727	105.729.325	76.547.000
Kentucky	64.043.633	72.852.263	57.840.000
Louisiane	16.853.745	9.889.689	18.022.000
Maine	1.546.071	960.633	4.132.000
Maryland	13.444.922	15.968.533	19.415.000
Massachusetts	2.157.063	4.797.768	2.424.000
Michigan	12.444.676	32.461.452	18.930.000
Minnesota	2.941.952	14.831.744	18.081.000
Mississippi	29.057.682	21.340.800	32.633.000
Missouri	72.892.157	202.414.413	140.949.000
Montana	»	5.649	25.000
Nebraska	1.482.080	65.450.135	93.150.000

COMMISSARIAT GÉNÉRAL DES ÉTATS-UNIS D'AMÉRIQUE
A L'EXPOSITION UNIVERSELLE DE 1889, A PARIS

STATISTIQUES DE L'AGRICULTURE
DANS LES ÉTATS-UNIS

PAR J. R. DODGE, M. A.
Statisticien du Département de l'Agriculture dans les États-Unis.

*Extrait du Rapport sur les produits agricoles des États-Unis
préparé sous la direction du Secrétaire de l'Agriculture
pour l'Exposition de Paris en 1889.*

Une série de quatre grandes cartes des États-Unis est exposée, pour indiquer les progrès de la culture des céréales, du coton et du tabac, pendant une période de vingt-huit ans, et pour montrer la distribution de chaque produit, par États, à trois dates différentes.

Des diagrammes, au nombre de seize, montrent les variations locales dans la production de quelques-unes des principales récoltes, et les variations annuelles de la production globale ; la relation entre les prix et la production, et la proportion de produits exportés. Ils montrent également la répartition et l'accroissement des animaux de ferme, l'exportation annuelle de la viande de bœuf, et la valeur totale par décades de cette exportation ; de même, la progression de l'exportation de la viande de porc. Parmi les autres points mis en évidence sont le taux des salaires pour les ouvriers d'agriculture, par groupes d'États de l'Union, le cours à différentes époques des produits importants, et une classification, en produits agricoles et non agricoles, du commerce extérieur des Etats-Unis (exportation et importation). Le développement des chemins de fer depuis 1850 jusqu'à présent est encore indiqué.

Comme préface à l'exposé des données statistiques sur lesquelles ces représentations graphiques ont été basées, il pourra paraître à propos d'esquisser les ressources physiques des États-Unis, et de faire ressortir quelques points marquants du développement successif de l'agriculture et de son extension actuelle. La surface totale du sol des États est d'environ 3,600,000 milles carrés (1). En excluant le territoire d'Alaska, non encore organisé, le chiffre officiel est de 1,856,108,800 acres, soit 2,900,170 milles carrés. Un tiers au moins de cette surface est partagé entre les fermiers ; en 1880 cette proportion était de 289 o/o. A la même

---

(1) *Note générale.* — Il a été nécessaire, dans la traduction de ce mémoire, de maintenir les mesures américaines, afin que les nombres des tableaux qui vont suivre soient en concordance avec ceux des graphiques. La réduction de ces mesures est facile à faire, en comptant :

1 pied pour o m. 3048.	1 livre pour o kg. 4536.
1 mille pour 1 km. 6093.	1 tonne anglaise pour 1016 kg. 05.
1 acre pour o ha. 4047.	1 grain pour o gr. 0648.
1 mille carré pour 2 km. 5880.	1 dollar pour 5 fr. 1825.
1 boisseau pour o hl. 3635.	1 cent pour o fr. 0518.

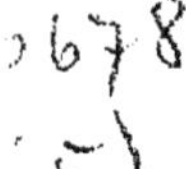

date, le nombre des fermes était de 4,008,907, et leur surface moyenne de 134 acres. En 1870 la surface moyenne était de 153 acres, et de 199 en 1860. Il y a une tendance à établir des fermes plus petites qu'autrefois, et à les cultiver plus complètement ; la proportion des terres défrichées (improved land), labourables ou prés, à la surface totale des fermes, était de 40 o/o en 1860, de 46.3 o/o en 1870, et de 53.1 o/o en 1880.

La production nécessaire à la subsistance de 63 millions d'hommes, avec un surplus annuel pour la consommation étrangère, est obtenue par la culture partielle du tiers du territoire. La méthode usitée dans les grandes régions est primitive ; elle consiste à employer le minimum de travail manuel et le maximum de machines ou ustensiles mécaniques. Comme les terrains du domaine public sont pour ainsi dire donnés gratuitement, chaque chef de famille pouvant obtenir une concession de 160 acres sans autre dépense que celle des droits à payer à l'administration des Domaines (land-office fees), l'acquisition de terrains dont la valeur doive rapidement augmenter, par le défrichement du voisinage, offre plus d'importance qu'une culture bien entendue, et un intérêt plus immédiat qu'une méthode perfectionnée. A cause de cela, la production est faible, comparativement à ce qu'elle pourra être lorsque l'avenir aura favorisé le progrès. Dans les régions exploitées depuis longtemps, la culture est pratiquée plus scientifiquement, et il en résulte un rendement plus considérable.

Une étendue d'environ 700,000,000 d'acres, comprise dans ce qu'on appelle la « région aride », est extrêmement fertile, mais ne reçoit pas assez de pluies pour l'agriculture en général. Pour y obtenir d'abondantes récoltes, il n'y manque que des irrigations. On a commencé d'en faire et on continuera très certainement. L'eau disponible pourra probablement être accrue dans une large mesure si l'on construit sur les hauteurs des montagnes Rocheuses un système de réservoirs qui, retenant des eaux maintenant perdues dans les flots de printemps, muniraient cette contrée d'une ressource supplémentaire importante pour l'alimentation d'une nombreuse population.

La répartition de la population montre qu'une proportion de 44 o/o est adonnée à l'agriculture. Il existe, quant à présent, environ 9 millions de fermiers et laboureurs. Leur nombre relatif décroît graduellement, en raison de l'extension que prennent les industries manufacturières et minières. La fertilité du sol, le perfectionnement des méthodes culturales, les admirables machines perfectionnées par lesquelles le labeur agricole est tant diminué, voilà qui assure l'accroissement de la puissance de production de chaque cultivateur, et qui, en dégageant le travail agricole, permet à un certain nombre d'activités de s'employer à d'autres industries.

Les premières données de la série des graphiques indiquent sur des cartes des États-Unis les quantités de froment, de maïs, d'avoine, de coton et de tabac obtenues aux différentes dates indiquées sur ces cartes.

ÉTATS	1859	1879	1887
	Boisseaux.	Boisseaux.	Boisseaux.
Nevada	460	12.891	24.000
New-Hampshire	1.414.628	1.350.248	1.323.000
New-Jersey.	9.723.336	11.450.705	10.406.000
Nouveau-Mexique	709.304	633 786	970.000
New-York	20.061.049	25.690.456	23.410.000
Nord-Caroline.	30.078.564	28.019.839	35.830.000
Ohio	73.543.190	111.877.124	73.797.000
Orégon	76.122	126.862	182.000
Pennsylvanie	28.496.821	45.821.531	44.905.000
Rhode-Island	461.497	372.967	414.000
Sud-Caroline	15.065.606	11.767.099	15.013.000
Tennessee	52.089.926	62.764.429	75.204.000
Texas.	16.500.702	29.065.472	76.490.000
Utah	90.482	163.342	285.000
Vermont.	1.525.411	2.014.271	2.204.000
Virginie	38.319.999	29.119.764	37.680.000
Washington	4.712	39.183	74.000
West-Virginie	"	14.090.609	12.546.000
Wisconsin	7.517.300	34.230.579	25.775.000
Wyoming	"	"	"
Total.	838.792.742	1.754.591.676	1.456.161.000

La production du maïs a doublé en vingt ans ; son déclin apparent, en 1887, est dû à une saison défavorable, car on estime à 1,987,790,000 boisseaux la récolte de 1888, obtenue sur 75,672,763 acres. La culture du maïs est plus générale que celle du froment ; elle existe dans tous les États et territoires à différents degrés. Les régions dont l'altitude est très élevée ou celles dont le sol est pauvre produisent assez peu. La zone la plus riche en maïs est traversée par l'Ohio, le Missouri et leurs affluents ; le terrain d'alluvion y abonde, entre 500 et 900 pieds d'altitude. Il y a là sept États, de l'Ohio au Nebraska, dont la production varie entre les 6/10 et les 2/3 de la récolte totale des États-Unis, et qui fournissent au commerce général tout le maïs dont ce dernier dispose chaque année.

N° 3. — *Répartition de l'avoine dans les États-Unis.*

Récoltes de 1859, 1879 et 1887.

ÉTATS	1859	1879	1887
	Boisseaux.	Boisseaux.	Boisseaux.
Alabama	682.179	3.039.639	4.643.000
Arizona	»	564	»
Arkansas	475.268	2.219.822	4.710.000
Californie	1.043.006	1.341.271	2.196.000
Colorado	»	640.900	1.569.000
Connecticut	1.522.218	1.009.706	1.088.000
Dakota	2.540	2.247.432	37.266.000
Delaware	1.046.910	378.508	458.000
District de Columbia	29.548	7.440	»
Floride	46.899	468.112	761.000
Géorgie	1.231.817	5.548.743	7.044.000
Idaho	»	462.236	1.095.000
Illinois	15.220.029	63.189.200	108.866.000
Indiana	5.317.831	15.599.518	27.943.000
Iowa	5.887.645	50.610.591	74.382.000
Kansas	88.325	8.480.385	40.041.000
Kentucky	4.617.029	4.580.738	8.847.000
Louisiane	89.377	229.840	498.000
Maine	2.988.939	2.265.575	2.684.000
Maryland	3.959.298	1.794.872	2.438.000
Massachusetts	1.180.075	645.159	703.000
Michigan	4.036.980	18.190.793	22.644.000
Minnesota	2.176.002	23.382.158	40.636.000
Mississippi	221.235	1.959.620	4.410.000
Missouri	3.680.870	20.670.958	39.793.000
Montana	»	900.915	1.866.000
Nebraska	74.502	6.555.875	25.365.000
Nevada	1.082	186.860	196.000
New-Hampshire	1.329.233	1.017.620	965.000
New-Jersey	4.539.132	3.710.573	3.221.000
Nouveau-Mexique	7.246	456.527	362.000
New-York	35.475.134	37.575.506	33.208.000
Nord-Caroline	2.781.860	3.838.068	8.504.000
Ohio	15.409.234	28.664.505	30.098.000
Orégon	885.673	4.385.650	5.547.000
Pennsylvanie	27.387.147	33.841.439	33.921.000
Rhode-Island	244.453	159.339	165.000
Sud-Caroline	936.974	2.715.505	4.607.000
Tennessee	2.267.814	4.722.490	9.225.000
Texas	985.889	4.893.359	12.193.000
Utah	63.214	418.082	786.000
Vermont	3.630.267	3.742.282	2.736.000
Virginie	10.186.720	5.333.181	11.095.000
Washington	134.331	1.571.706	3.369.000
West-Virginie	»	1.908.505	2.531.000
Wisconsin	11.059.260	32.905.320	34.855.000
Wyoming	»	22.512	88.000
Total	172.643.485	407.858.999	659.618.000

L'augmentation de la surface cultivée en avoine et de la récolte de cette céréale a été tout à fait régulière. Il n'en est pas fait d'exportation, sauf une petite quantité de farine de gruau. L'accroissement de la quantité produite, de 1859 à 1887, s'élève à 282 o/o. L'avoine est surtout utilisée, comme le maïs, pour la nourriture des animaux de ferme, cependant l'usage de la farine de gruau pour l'alimentation est devenu très général. Comme le maïs encore, cette denrée est pour sa plus grande part consommée dans les États-Unis ; le prix courant dépend donc de la demande locale, et ses fluctuations se produisent parallèlement à celles du prix du maïs. L'avoine réussit mieux sous les latitudes septentrionales, car, dans le Midi, elle est sujette au charbon ; de plus, elle y dégénère d'année en année, au détriment du poids spécifique. Aucune céréale n'a besoin d'avoir une semence aussi fréquemment renouvelée et n'est autant éprouvée par le climat de la plus grande partie de la Confédération. On a beaucoup amélioré et accru la production, au moyen de distributions de semences, de bon poids et de puissante vitalité, dont le gouvernement a pris l'initiative.

(Voir à la page suivante le tableau n° 4.)

Nᵒ 4. — *Répartition du coton et du tabac dans les États-Unis.*
Récoltes de 1859, 1879 et 1886.

ÉTATS	COTON			TABAC		
	1859	1879	1886	1859	1879	1886
	Balles.	Balles.	Balles.	Livres.	Livres.	Livres.
Alabama	989.955	699.654	752.220	232.914	452.426	»
Arizona	»	»	»	»	600	»
Arkansas	367.393	608.256	660.872	989.980	970.220	2.408.000
Californie	»	»	»	3.450	73.317	»
Connecticut . . .	»	»	»	6.000.133	14.044.632	11.667.000
Dakota	»	»	»	40	1.897	»
Delaware	»	»	»	9.699	1.278	»
Dist. de Columbia . .	»	»	»	15.200	1.400	»
Floride	65.153	54.997	59.332	828.845	21.482	»
Géorgie	701.840	814.441	861.720	919.318	228.590	»
Idaho.	»	»	»	»	400	»
Illinois	4.482	»	»	6.485.262	3.935.825	6.458.000
Indiana	»	»	»	7.993.378	8.872.842	14.880.000
Iowa	»	»	»	303.468	420.477	»
Kansas	61	»	»	20.349	191.669	»
Kentucky	»	1.367	»	108.126.840	171.120.784	193.915.000
Louisiane	777.738	508.569	471.974	39.940	55.954	»
Maine	»	»	»	1.583	250	»
Maryland	»	»	»	38.410.965	26.082.447	25.238.000
Massachusetts. . .	»	»	»	3.233.198	5.369.436	4.231.000
Michigan	»	»	»	121.099	83.969	»
Minnesota	»	»	»	38.938	69.922	»
Mississippi. . . .	1.202.507	963.411	935.390	159.444	414.663	»
Missouri.	41.188	20.318	»	25.086.196	12.015.657	11.959.000
Nebraska	»	»	»	3.636	57.979	»
Nevada	»	»	»	»	1.500	»
New-Hampshire. .	»	»	»	18.581	170.843	»
New-Jersey . . .	»	»	»	149.485	172.315	»
Nouveau-Mexique .	19	»	»	7.044	890	»
New-York	»	»	»	5.764.582	6.481.431	7.583.000
Nord-Caroline . .	145.514	389.598	365.762	32.853.250	26.986.243	34.559.000
Ohio.	»	»	»	25.092.581	34.735.235	35.333.000
Orégon	»	»	»	405	17.325	»
Pennsylvanie . . .	»	»	»	3.484.586	36.943.272	34.951.000
Rhode-Island. . .	»	»	»	705	785	»
Sud-Caroline . . .	353.412	522.548	498.367	104.442	45.678	»
Tennessee	296.464	330.621	298.133	43.448.097	29.365.052	31.763.000
Texas	431.463	805.284	499.698	97.914	221.283	»
Utah	136	»	»	»	»	»
Vermont	»	»	»	42.243	131.432	»
Virginie.	12.727	19.595	43.913	423.968.312	79.988.868	91.489.000
Washington . . .	»	»	»	40	6.930	»
West-Virginie. . .	»	»	»	»	2.296.146	2.749.000
Wisconsin. . . .	»	»	»	87.340	10.608.423	23.744.000
Tous les autres États ou Territoires, y compris le Montana, pour la récolte de coton en 1886.	»	»	28.483	»	»	»
Total. . . .	5.387.052	5.755.359	6.445.864	434.209.461	472.661.157	532.537.000

Le coton et le tabac sont des récoltes industrielles qui ne conviennent qu'à certains terrains et à certains climats. Le premier n'est un produit important que dans neuf États. La variété dite « des îles de l'Océan » (sea-islands) ne figure que pour une quantité insignifiante ; elle croît sur les côtes de l'Atlantique et du golfe du Mexique, ou sur les îles voisines de ces côtes. Le coton à graine verte, ou « upland », est surtout cultivé dans la rangée d'États qui suit les mêmes rivages. Dans la partie ouest du Tennessee et dans les régions basses de l'Arkansas, sur les terrains d'alluvion des vallées du Mississippi et de ses affluents de droite, les conditions sont favorables à l'extension vers le Nord de la culture du coton, dont la limite atteint à cet endroit son point le plus septentrional.

L'extension de la production du coton dans les États-Unis ne dépend pas tant de la consommation locale que de celle de l'univers tout entier ; cependant elle ne s'est pas accrue proportionnellement à l'augmentation de la population. La récolte de 1859 a été d'une abondance anormale et bien plus considérable que celles des années précédentes. On verra mieux le progrès réalisé en comparant les récoltes des vingt années antérieures à 1861 avec celles des vingt-quatre années qui se sont écoulées depuis 1865, lorsque les plantations ont été reconstituées après la guerre civile. La récolte moyenne serait de 1,335 tonnes pour la première période et de 2,256 tonnes pour la seconde, soit un accroissement de près de 70 o/o.

La culture du tabac est presque aussi restreinte, au point de vue géographique, que celle du coton. Le tabac n'est commercialement produit que dans seize États et, dans plusieurs de ceux-là, ce n'est que sur une très petite échelle.

Le tabac ordinaire est pratiquement confiné dans le Maryland, la Virginie, la Caroline du Nord, le Kentucky et le Tennessee. Le tabac pour cigares, irrégulièrement réparti sur divers États du Nord, croît principalement dans cinq comtés du Connecticut, trois du Massachusetts, trois de l'État de New-York, trois de la Pennsylvanie et quelques-uns dans le Wisconsin et l'Ohio. La moitié environ est exportée ; la consommation propre des États-Unis va croissant.

N° 5.— *Production et exportation du maïs.*

Années	Production	Exportation	Pourcentage
1849*	592.071.104	7.632.860	1.3
1859*	838.792.742	4.248.991	5
1869*	760.944.549	2.140.487	3
1870	1.094.255.000	10.673.553	1.0
1871	991.898.000	35.727.040	3.6
1872	1.092.719.000	40.154.374	3.7
1873	932.274.000	35.985.834	3.9
1874	850.148.500	30.025.036	3.5
1875	1.321.069.000	50.910.532	3.9
1876	1.283.827.500	72.652.611	5.7
1877	1.342.558.000	87.192.110	6.5
1878	1.388.218.750	87.884.892	6.3
1879	1.754.591.676	99.572.329	5.7
1880	1.717.434.543	93.648.147	5.5
1881	1.194.916.000	44.340.683	3.7
1882	1.617.025.100	41.655.653	2.6
1883	1.551.066.895	46.258.606	3.0
1884	1.795.528.000	52.876.456	2.9
1885	1.936.176.000	64.829.617	3.3
1886	1.665.441.000	41.368.584	2.5
1887	1.456.161.000	25.360.869	1.7
1888	1.987.790.000	»	»

L'exportation moyenne de dix-huit années, sous forme de grain ou de farine, a été de 53,395,383 boisseaux, soit 3.8 o/o de la récolte. Pendant deux de ces années, elle n'a été que de 1 o/o et une fraction, pendant trois autres, elle n'a été que de 2 o/o. Elle n'a jamais dépassé 4 o/o, sauf pendant les cinq années de crise agricole dans l'Europe septentrionale, de 1876 à 1880 inclusivement. Il est clair que les produits qui en dérivent, tels que les viandes de porc et de bœuf provenant de l'engraissage au maïs, sont subordonnés à la demande de l'étranger ; on ne doit donc pas supposer que le maïs soit le principal élément de leur production.

N° 6. — *Rendement et prix moyen du maïs, de 1871 à 1877.* — Le diagramme montre comment le prix augmente quand le rendement par tête d'habitant diminue, et *vice versa*. Les exigences de la consommation domestique, en l'absence de tout trafic extérieur considérable, règlent presque exclusivement le prix qui, par conséquent, varie chaque année. Il était de 64.7 cents en 1874 et de 42 cents l'année suivante. Le prix moyen le plus bas est de 32.8 cents en 1885.

* Année de recensement.

N° 7. — *Surface cultivée et production en froment.*

Années.	Surface.	Production.
	Acres.	Boisseaux.
1849	8.000.000	100.485.944
1859	14.500.000	173.104.924
1869	20.050.000	287.745.626
1879	35.430.333	459.483.137
1884	39.475.885	512.765.000

Ce diagramme représente le développement progressif de la culture du froment depuis 1849 jusqu'à 1884. On y voit que l'approvisionnement a augmenté deux fois plus vite que la population. Depuis la dernière époque qui y figure, il n'y a eu aucun progrès ni aucunes différences importantes, si ce n'est celles qui résultent de saisons peu favorables. La récolte de 1888 a été faible ; on l'a évaluée à 416 millions de boisseaux.

N° 8. — *Production et exportation en froment.*

Années.	Production.	Exportation.
	Boisseaux.	Boisseaux.
1849	100.485.944	6.843.177
1859	173.104.924	15.907.885
1869	287.745.626	52.169.114
1879	459.483.137	180.304.181
1887	456.329.000	119.625.344

La proportion des exportations s'est élevée de 7 à 40 o/o ; le dernier nombre étant le résultat d'une pénurie temporaire en Europe, pénurie qui ne paraît pas devoir se reproduire souvent, si même elle se reproduit jamais. Pendant les huit dernières années, depuis et y compris 1880, année pendant laquelle les exportations ont atteint le chiffre de 186,321,514 boisseaux, le plus grand qu'on ait obtenu, la proportion moyenne exportée ne s'est élevée qu'à 30 o/o ; les extrêmes sont 40 o/o en 1880 à 26 o/o en 1887.

N° 9. — *Progression de la production des céréales.*

CÉRÉALES	1849	1859	1869	1879	1888
	Boisseaux.	Boisseaux.	Boisseaux.	Boisseaux.	Boisseaux.
Maïs. . .	592.071.104	838.792.742	760.944.549	1.754.591.676	1.988.000.000
Froment .	100.485.944	173.104.924	287.745.626	459.483.137	416.000.000
Avoine. .	146.584.179	172.643.185	282.107.157	407.858.999	702.000.000
Seigle . .	14.188.813	21.101.380	16.918.795	19.831.595	25.000.000
Orge . .	5.167.015	15.825.898	29.761.305	43.997.495	58.000.000
Sarrasin .	8.956.912	17.571.818	9.821.721	11.817.327	11.000.000

La moyenne annuelle de production des céréales, de 1880 à 1887 inclusivement, a été de 2,703,036,457 boisseaux, et pour les dix années précédentes, de 1,872,993,769 boisseaux. Le total pour 1888 est d'environ 3,200,000,000 de boisseaux, ou 51 boisseaux par tête d'habitant. Le maïs entre dans le total pour cinq huitièmes. Le froment et l'avoine forment la plus grande partie du reste ; les récoltes réunies de seigle, d'orge et de sarrasin n'atteignent pas 3 o/o.

Nᵒ 10. — *Production des céréales par tête d'habitant en Europe et dans les États-Unis.*

CONTRÉES	Années.	Nombre de boisseaux récoltés	
		Total.	par tête d'habit.
Europe.	»	5.153.195.304	15.8
États-Unis	1887	2.658.000.000	44.3
Suisse	»	17.473.296	6.1
Grèce	1877	10.525.854	6.3
Serbie	»	14.303.520	7.7
Portugal	1877	34.214.576	7.9
Grande-Bretagne	1886	258.039.523	8.1
Italie	1886	235.004.210	8.3
Norwège	1875	16.915.643	9.3
Pays-Bas	1885	37.772.800	9.4
Turquie	»	110.341.440	11.9
Irlande	1887	59.998.755	12.3
Belgique	1884	71.966.027	13.0
Espagne	»	226.173.145	13.6
Autriche	1886	313.227.568	14.1
Allemagne	1886	801.841.939	17.1
France	1886	741.487.972	19.7
Roumanie	1881	102.850.000	19.9
Russie	1883-6	1.581.984.411	20.3
Hongrie	1886	325.015.422	20.6
Suède	1887	106.524.779	22.7
Danemark	1885	87.834.424	44.6

Dans ce tableau, la production de l'Europe est comparée avec les récoltes des Etats-Unis en 1887, année de sécheresse où la récolte de maïs a été considérablement réduite ; cela fait que la moyenne par tête d'habitant n'est que de 44,3 boisseaux, alors que la moyenne pour presque toutes les séries d'années serait de 48 boisseaux au moins. et de plus de 50 pour les années de grande production.

N° 11. — Augmentation du nombre des animaux de ferme.

Années.	Mules.	Chevaux.	Bestiaux.	Moutons.	Porcs.
1850	559.331	4.336.719	17.778.907	21.723.220	30.354.213
1860	1.151.148	6.249.174	25.620.019	22.471.275	33.512.867
1870	1.125.415	7.145.370	23.820.608	28.477.951	25.134.569
1880	1.812.808	10.357.488	35.925.511	35.192.074	47.681.700
1889	2.257.574	13.663.294	50.331.042	42.599.079	50.301.592

* Non compris les animaux existant dans les « ranchos ».

L'accroissement du nombre des chevaux a été de plus de 200 o/o depuis 1850, et celui du nombre de mules de 300 o/o.

La qualité des chevaux a été considérablement améliorée par l'élevage durant cette période. Les chevaux de pur sang ont produit une race de premier ordre de chevaux de course et de trot ; et par l'infusion du sang des chevaux percherons, normands, des chevaux de Cleveland Bay et de quelques puissantes races anglaises, on a beaucoup perfectionné la race des forts chevaux de trait.

Les bestiaux ont augmenté en nombre de près de 200 o/o, avec une amélioration marquée dans le poids et la condition à un âge donné, ce qui fait que les bœufs sont abattus au moins un an plus tôt, c'est-à-dire vers trois ans et demi, et pour un certain nombre à deux ans et demi.

On a doublé le nombre des moutons et quadruplé la production de laine. Les trois quarts au moins sont des mérinos ou de leur métis, produisant une épaisse et lourde toison, formée de brins d'une finesse moyenne, d'une grande élasticité et d'une grande force. La laine métisse est plus longue, et on la travaille au peigne dans les fabriques, à l'aide d'un outillage spécial.

L'espèce porcine a pris aussi une grande extension. On élève bien des races de porcs, quoique les métis polonais-chinois tiennent le premier rang dans l'opinion publique de la région où on en fabrique les divers produits. Ils sont remarquablement sains, et plus exempts de trichine que ceux des autres pays importants. Il est remarquable que dans les statistiques de décès occasionnés en Europe par l'ingestion de viande de porc affecté de trichine, il n'y a aucun cas authentique dû à la consommation des produits provenant des Etats-Unis.

N° 12. — *Exportation des diverses préparations de porc.*

Années.	Lard et jambons	Saindoux.	Porc salé.
	Livres.	Livres.	Livres.
1861	50.264.267	47.908.911	31.297.400
1862	141.212.786	118.573.307	61.820.400
1863	218.243.609	115.336.596	65.570.300
1864	110.886.446	97.190.765	63.519.400
1865	45.990.712	44.342.295	41.710.200
1866	37.588.930	30.110.451	30.056.788
1867	25.648.226	45.608.031	27.374.877
1868	43.659.064	64.555.462	28.690.133
1869	49.228.165	41.887.545	24.439.832
1870	38.968.256	35.808.530	24.639.831
1871	71.446 854	80.037.297	39.250.750
1872	246.208.143	199.651.660	57.469.518
1873	395.381.737	230.534.207	64.147.461
1874	347.405.405	205.527.471	70.482.379
1875	250.286.549	166.869.393	56.452.331
1876	327.730.172	168.405.839	54.195.118
1877	460.057.146	234.741.233	69.671.894
1878	592.814.351	342.667.920	71.889.255
1879	732.249.576	326.658.686	84.401.676
1880	759.773.109	374.979.286	95.949.780
1881	716.944.545	378.142.496	107.928.086
1882	468.026.610	250.367.740	80.447.466
1883	340.258.670	224.718.474	62.116.302
1884	389.499.368	265.094.719	60.363.313
1885	400.127.119	283.216.339	71.649.365
1886	419.788.796	293.728.019	87.196.966
1887	419.922.955	321.533.746	85.869.367
1888	375.439.683	297.740.007	58.836.966

* Non compris le porc frais.

L'exportation moyenne des diverses préparations de porc, depuis 1860,
a été d'environ 15 o/o de la production, soit 2,800,000 animaux repré-
sentés par 560,000,000 de livres de produits conservés. Le nombre des
porcs abattus pendant l'année dernière, par les expéditeurs ou par les
fermiers, a été évalué à 19,000,000, sur lesquels 17,000,000 ont été
abattus par les expéditeurs, chez lesquels le poids moyen des animaux
est généralement supérieur au poids moyen constaté chez les fermiers.

N° 13. — *Exportation de la viande de bœuf.*

Années.	Viande fraîche de bœuf.	Années.	Viande fraîche de bœuf.
	Livres.		Livres.
1877	49.210.990	1883	81.064.373
1878	54.046.771	1884	120.784.064
1879	54.025.832	1885	115.780.830
1880	84.717.194	1886	99.423.362
1881	106.004.812	1887	83.560.874
1882	69.586.466	1888	93.498.273

Valeur des diverses préparations de bœuf

Articles.	1855	1865	1875	1887
	Dollars.	Dollars.	Dollars.	Dollars.
Bestiaux vivants.	84.680	159.254	1.103.085	9.172.136
Viande de bœuf { salée. .	2.600.547	3.308.730	4.197.956	1.972.246
fraîche.	»	»	»	7.228.412
confite.	»	»	»	3.462.982
Totaux . .	2.685.227	3.467.984	5.304.044	21.835.776

Ce diagramme montre l'énorme accroissement de l'exportation de la viande de bœuf pendant la première décade. Le commerce de la viande fraîche date de 1877. Il est alimenté par la race indigène améliorée par les races anglaises, telles que les animaux à courtes cornes. Le commerce des bestiaux vivants, jusqu'en 1875, était basé sur la race à longues cornes dite du Texas, laquelle dérivait immédiatement de la race mexicaine, et, par ses origines, de la race espagnole ; il n'avait lieu qu'avec les Antilles. La valeur moyenne par tête de bétail était d'environ un cinquième de celle des bœufs gras expédiés en Europe.

Nº 14. — *Production et exportation du coton, de 1841 à 1887.*

Années	Production	Exportation	Ann és	Production	Exportation
	Livres.	Livres.		Livres.	Livres
1841	759.903.750	584.717.017	1865	1.044.962.263	650.572.829
1842	1.077.391.350	792.297.106	1866	969.175.303	661.473.588
1843	948.860.550	663.633.455	1867	1.473.431.114	784.763.633
1844	1.118.097.900	872.905.996	1868	1.429.811.645	644.327.921
1845	976.741.650	547.558.055	1869	1.451.401.357	958.558.523
1846	837.215.550	527.219.958	1870	2.020.693.736	1.462.928.024
1847	1.090.850.850	814.274.431	1871	1.384.084.494	933.537.413
1848	1.263.868.200	1.026.602.269	1872	1.833.188.931	1.200.063.530
1849	977.267.700	635.381.604	1873	1.940.648.352	1.358.602.303
1850	1.086.865.650	927.237.089	1874	1.783.644.032	1.260.418.903
1851	1 421.413.350	1.093.230.639	1875	2.157.958.142	1.491.405.534
1852	1.542.325.720	1.111.570.370	1876	2.095.901.297	1.445.369.130
1853	1.396.112.420	987.833.106	1877	2.260.285.666	1.607.533.511
1854	1.363.537.635	1.008.424.601	1878	2.404.410.373	1.628.372.833
1855	1.658.631.975	1.351.431.701	1879	2.771.797.156	1.822.061.114
1856	1.467.129.120	1.048.282.475	1880	3.199.822.682	2.190.928.772
1857	1.554.701.760	1.118.624.012	1881	2.588.236.636	1.739.975.961
1858	1.949.306.728	1.386.468.562	1882	3.405.070.410	2.288.075.062
1859	2.274.372.309	1.767.686.338	1883	2.757.544.422	1.862.572.530
1860	1.934.545.603	307.516.099	1884	2.742.966.011	1.891.659.472
			1885	3.182.350.531	2.058.037.444
Totaux.	26.699.139.760	18.572.894.883	1886	3.157.378.443	2.169.457.330
			1887	3.406.068.167	2.264.120.826
			Totaux .	50.857.831.163	34.374.815.986

La proportion des exportations à la production totale est plus considérable pour le coton que pour n'importe quel autre produit de l'Amérique. En 1850, l'exportation était de 85 o/o de la production ; en 1885, moins de 65 o/o. Malgré l'accroissement de la production, la proportion de la consommation locale s'élève toujours. La tendance est à un développement rapide de l'industrie manufacturière, soit dans le Nord, soit dans le Sud, jusqu'à ce que la consommation locale dépasse l'exportation.

N° 15. — Augmentation de valeur des produits agricoles.

PRODUITS	1859	1887
	Dollars.	Dollars.
Maïs	360.680.878	646.106.770
Froment . . .	124.635.545	310.612.960
Viandes . . .	300.000.000	750.000.000
Foins. . . .	152.671.168	410.000.000
Laitages . . .	152.350.000	393.000.000
Coton	211.516.625	280.000.000
Produits de basse-cour .	75.000.000	190.000.000
Divers	298.870.756	891.699.790
Total	1.675.724.972	3.871.419.520

De 1859 à 1887, pendant vingt-huit ans, la population a augmenté de 95 o/o environ. La valeur des produits agricoles a beaucoup plus que doublé. Le tableau ci-dessus ne renferme pas tous les produits accessoires et, d'autre part, une quantité importante de maïs figure en double emploi dans l'estimation des viandes d'animaux engraissés au maïs. Cependant le résultat global représente approximativement la valeur telle qu'on pourrait l'établir exactement.

Les prix de 1859 et de 1887 diffèrent très peu pour la plupart de ces produits. Ceux de la viande et des pommes de terre ont augmenté, mais ceux des céréales n'ont pas sensiblement varié. Le maïs, par exemple, était estimé à 43 cents en 1859, et à 44,4 cents en 1887 ; le froment, à 72 cents en 1859 et 68,1 cents en 1887 ; l'avoine à 25 cents en 1859, et 30,4 cents en 1887. Le prix du coton à la plantation est à peu près le même aux deux époques.

N° 16. — *Valeur des produits agricoles de l'Amérique et proportion exportée en 1886-87.*

PRODUITS	VALEUR A LA FERME		Pourcentage.
	de la production.	de l'exportation.	
	Dollars.	Dollars.	
Farineux :			
Maïs.	610.311.000	11.790.046	1.9
Froment	314.226.020	87.668.833	27.9
Avoine.	186.437.930	343.659	0.2
Orge	31.840.510	691.809	2.2
Seigle	13.181.330	197.687	1.5
Sarrasin	6.465.120	»	»
Riz	5.000.000	26.284	0.5
Total	1.167.161.910	100.718.318	8.6
Viandes	748.000.000	62.522.185	8.4
Produits de basse-cour .	186.000.000	71.476	»
Cuirs, poils, etc.	93.000.000	825.902	0.9
Laitages :			
Beurre.	192.000.000	1.487.773	0.8
Fromages.	32.000.000	6.455.438	20.2
Lait.	156.000.000	181.279	0.1
Total .	380.000.000	8.124.490	2.1
Matières textiles :			
Coton	257.295.327	177.895.501	69.4
Laine	77.000.000	70.202	0.1
Chanvre, lin, etc.	9.000.000	»	»
Total . . .	343.295.327	177.965.703	51.8
Légumes :			
Pommes de terre	78.441.940	238.694	0.3
Patates douces	20.000.000	»	»
Pois et fèves.	13.800.000	450.291	3.3
Légumes potagers.	68.000.000	256.518	0.4
Fruits	175.000.000	1.601.979	0.9
Foins	353.437.699	130.804	»
Tabac	39.082.118	20.510.386	52.5
Houblon	3.500.000	46.725	1.3
Sucre, sirops (miel compris)	33.500.000	»	»
Trèfle et fourrages	15.000.000	638.329	4.3
Vin	10.000.000	129.403	1.3
Total général. . . .	3.727.218.994	374.230.603	10.1

Ce diagramme représente graphiquement la valeur des produits agricoles et de la proportion exportée pour chacun d'eux ; il est basé sur la production de 1886, et sur l'exportation de l'année budgétaire qui a fini le 30 juin 1887.

Il montre que les exportations agricoles des États-Unis sont pratiquement limitées à deux produits industriels, le coton et le tabac, aux viandes, aux céréales et aux fromages.

Au lieu de parler de « céréales » on pourrait se contenter de citer le froment, car on exporte moins de 4 o/o de maïs, très peu de seigle et d'orge et pas du tout de sarrasin. En fait, pour un boisseau d'orge exportée, on en importe dix boisseaux. En résumé, les États-Unis exportent du coton et du tabac, des farineux et de la viande, dont la valeur à la ferme est d'environ un dixième de la valeur totale des productions agricoles de toute nature.

N° 17. — *Salaires agricoles moyens.*

Années	Californie	États de l'Ouest	États du Sud	États du Centre	États du Nord	Moyenne de l'Union
	Dollars par mois.	Dollars par mois.	Dollars par mois.	Dollars par mois.	Dollars par mois.	Dollars par mois.
1866	35.75	28.91	16 00	30.07	33 30	21.71
1869	46.38	27.01	17.21	28.02	32 08	20 98
1875	44.50	23.60	16.22	26.02	28.96	19.87
1879	41.00	20.38	13 31	19.69	20.21	16.42
1882	38.25	23.63	15.30	22.24	26.61	18.94
1885	38.75	22.26	14.27	23.49	25.30	17.97
1888	38.08	22.22	14.54	23.11	26.03	18 24

Le taux des salaires du travail agricole, établi d'après les rapports adressés à la division de la statistique au Ministère de l'Agriculture, est basé sur les salaires de toute la durée de l'année, sans la nourriture que l'ouvrier se procure lui-même. Ils ont été plus élevés en 1866 et 1869 à cause de la pléthore de numéraire, et inférieurs à la moyenne en 1879, époque où était à son maximum la crise monétaire qui a commencé à se faire sentir à la fin de 1873. Les paiements en espèces ayant repris en 1879, le prix des produits revint vite à son niveau normal, et avec lui le taux des salaires.

La moyenne générale pour 1888 est 18,24 dollars, correspondant à un salaire annuel de 218,88 dollars, ou 220 dollars en nombre rond. Elle comprend le travail des affranchis dans le Sud, lequel réduit la moyenne au-dessous de celle du travail des blancs dans le pays, la moyenne pour les États du Sud étant de 14,54 dollars contre 22,22 dans les États de l'Ouest et plus encore dans les États du Centre et de l'Est. La moyenne du salaire des blancs dans les États du Nord peut être établie équitablement à 275 dollars par an.

Commerce des États-Unis avec l'étranger en 1887-88.

EXPORTATIONS		IMPORTATIONS	
Produits non agricoles .	184.896.073	*Produits non agricoles* .	405.455.029
Produits agricoles :		*Produits agricoles :*	
Produits animaux . . .	109.882.948	Sucres et mélasses . . .	79.736.301
Pain et farineux	127.191.687	Thé, café, cacao	76.120.088
Coton et huile de graine de coton	224.942.499	Produits animaux . . .	55.757.254
Divers.	36.948.895	Divers.	106.888.442
Total.	498.966.029	Total.	318.502.085
Exportation totale . . .	683.862.404	*Importation totale* . .	723.957.114

La balance du commerce extérieur était au detriment des États-Unis depuis 1845 jusqu'à 1875 inclusivement, sauf pour quatre années exceptionnelles. Durant cette période, l'excédent total des importations a été de 1,532,943,439 dollars, soit une moyenne de 49,449,788 dollars par an.

La prospérité du pays a fini par renverser le courant, et de 1876 à 1887 inclusivement, il y a eu une série ininterrompue de balances favorables, produisant un excédent total d'exportations de 1,612,659,755 et une moyenne de 134,388,313 dollars par an.

En 1888 il y a eu un excédent d'importations de 28,002,607 dollars.

Un tableau par décades montrera le rapide développement du commerce extérieur.

Années	Exportations	Importations
1850	144.375.726	173.509.526
1860	333.576.057	353.616.149
1870	392.771.768	435.958.408
1880	835.638.658	667.954.746
1888	695.954.507	723.957.114

		ÉLÉMENTS NUTRITIFS				Énergie potentielle des éléments nutritifs
	Alimentation en Europe et au Japon.	protéiques ou azotés.	gras.	amylacés.	Total.	
		gr.	gr.	gr.	gr.	calories
1	Servante de Londres, salaire 9 s. c. par semaine .	53	33	316	402	1820
2	Ouvrière de Leipzig (Allemagne), salaire 1 dollar 21 par semaine	52	53	304	406	1940
3	Tisserand anglais, pendant la morte-saison . .	60	28	398	486	2158
4	Laboureur lombard (Italie), régime surtout végétal.	82	40	362	484	2192
5	Trappiste cloîtré, peu d'exercice, régime végétal.	68	11	469	548	2304
6	Etudiants japonais	97	16	438	551	2343
7	Professeur d'université, à Munich (Allemagne), très peu d'exercice	100	100	240	440	2321
8	Jurisconsulte, à Munich	80	125	222	427	2401
9	Médecin, à Munich	131	95	327	553	2762
10	Peintre, à Leipzig (Allemagne)	87	69	366	522	2500
11	Ebéniste, à Leipzig	77	57	466	600	2757
12	Tailleurs bien nourris, Angleterre.	131	39	525	695	3053
13	Ouvrier mécanicien, bien payé, à Munich . . .	151	54	479	684	3085
14	Charpentier, à Munich	131	68	494	693	3494
15	Tisserand à gros ouvrage, Angleterre.	151	43	622	816	3569
16	Forgeron, Angleterre	176	71	667	914	4117
17	Mineurs à travail très pénible, Allemagne . . .	133	113	634	880	4195
18	Briquetiers (Italiens à la tâche), Munich . . .	167	117	675	959	4541
19	Ouvrier brasseur, Munich, travail très pénible, alimentation exceptionnelle	223	113	909	1245	5692
20	Soldats allemands, sur le pied de paix	114	39	480	633	2798
21	Soldats allemands, sur le pied de guerre . . .	134	58	489	681	3093
22	Soldats allemands, ration extraordinaire de la guerre avec la France.	157	285	331	773	4652
	Alimentation en Amérique.					
23	Canadiens français, journaliers au Canada. . .	109	109	527	745	3622
24	Canadiens français, ouvriers d'usines, mécaniciens. etc., dans le Massachusetts	118	204	549	871	4632
25	Ouvriers d'usines, etc., non Canadiens, dans le Massachusetts	127	186	531	844	4423
26	Verriers souffleurs, Est-Cambridge, Massachusetts	93	132	484	708	3590
27	Ouvriers d'usines, tailleurs, employés, etc., en pension dans les « boarding-houses ».. . . .	114	150	522	786	4002
28 a	Famille particulière aisée. { Aliments achetés.	129	183	467	779	4156
28 b	Connecticut . . . . . { Aliments mangés.	128	177	466	771	4082
29 a	Collégiens internes dans { I. { Aliments achetés.	161	204	680	1045	5345
29 b	les Etats du Nord et de { Aliments mangés.	138	184	622	944	4827
30 a	l'Est (deux régimes du } II. { Aliments achetés.	145	163	460	738	3874
30 b	même internat). . . { Aliments mangés.	104	136	424	661	3417
31	Collèges, régimes exceptionnels, aliments mangés.	181	292	557	1030	5742
32	Ouvrier d'industrie mécanique, Boston (Massachusetts)	182	254	617	1053	5638
33	Briquetiers, Middletown (Connecticut)	222	263	758	1243	6461
34	Voituriers, marbriers, etc., Boston (Massachusetts), pension (boarding-house) de 5 dollars par semaine	254	363	826	1443	7804
35	Briquetiers, Cambridge (Massachusetts). . . .	180	365	1150	1695	8848
	Régimes alimentaires types.					
36	Régime suffisant pour subsister (Playfair). . .	57	14	341	412	1762
37	Régime « de repos » pour adultes sans exercice (Playfair).	71	28	341	440	1949
38	Travailleur avec ouvrage modéré, Allemagne (Voit)	118	56	500	674	3358
39	Travailleur avec ouvrage pénible, Allemagne (Voit)	145	100	447	692	3055
40	Travailleur avec ouvrage modéré, Amérique (Atwater).	125	125	450	700	3521
41	Travailleur avec ouvrage pénible, Amérique (Atwater).	150	150	500	800	4060

Ce tableau des équivalents nutritifs d'un grand nombre de régimes d'Amérique et d'Europe a été préparé sous la direction du professeur W. O. Atwater, directeur de la division des Stations expérimentales au ministère de l'Agriculture.

N° 20. — Accroissement de la longueur exploitée des chemins de fer dans les Etats-Unis.

Années	Longueur exploitée	Années	Longueur exploitée
	milles.		milles.
1850	9.024	1882	114.713
1855	18.374	1883	121.454
1860	30.635	1884	125.379
1865	35.085	1885	128.987
1870	62.914	1886	137.986
1875	74.096	1887	149.913
1880	93.349	1888	156.813
1881	103.145		

La longueur exploitée en 1850 a doublé en cinq années, et l'augmentation a été encore plus grande dans la période quinquennale suivante.

Après la fin de la guerre l'augmentation a été extraordinaire pendant quinze ans. De 1883 à 1885 le mouvement a été retardé, et s'est accéléré de nouveau en 1886 et 1887.

L'augmentation se poursuit, mais le développement sera probablement moins rapide.

Imprimerie de Charles Noblet, rue Cujas, 13, Paris.

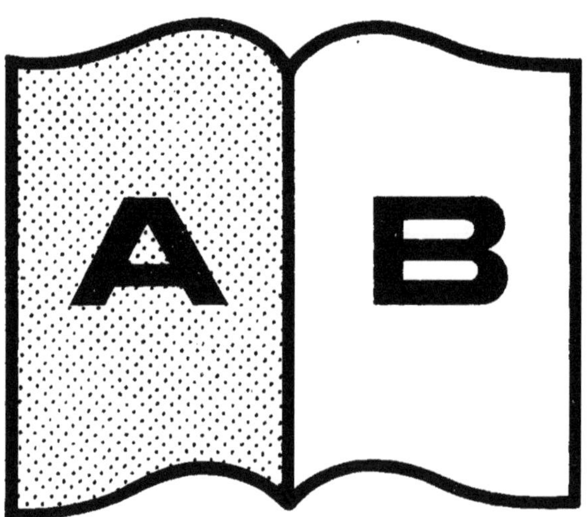

Contraste insuffisant

NF Z 43-120-14

9 782013 633901